# André Luis Bonfim Bathista e Silva

## DA PHYSIS À FÍSICA, O LIVRE CONTEXTO SOBRE A ESSÊNCIA DA MATÉRIA:

# O ÁTOMO

editora
**Virtual Books**

# DA PHYSIS À FÍSICA, O LIVRE CONTEXTO SOBRE A ESSÊNCIA DA MATÉRIA: O ÁTOMO

ANDRÉ LUIS BONFIM BATHISTA E SILVA

Instituto de Física
Universidade Federal de Mato Grosso

Lulu Press Inc

Silva, André Luis Bonfim Bathista e

DA PHYSIS À FÍSICA, O LIVRE CONTEXTO SOBRE A ESSÊNCIA
DA MATÉRIA: O ÁTOMO. André Luis Bonfim Bathista e Silva.
Raleigh, NC: LULU Inc, 2010. 65p.15,24x22,86 cm.

ISBN 978-0-557-59597-6

1. Física. 2. História da Física. 3.Estrutura atômica da matéria. I. EUA.
Título. II. Série.

# RESUMO

Este trabalho tem por objetivo relatar as atividades intelectuais do homem relacionado com a menor partícula existente, desde a Grécia X a.C. até os dias atuais. Apresentando os principais trabalhos e descobertas de grandes Físicos e Filósofos, como o átomo a menor partícula da matéria de Leucipo e Demócrito, a idéia de átomo indivisível, base da teoria de Dalton, o núcleo atômico de Rutherford, a teoria de orbital de Bohr, a elegante formação da tabela periódica pelo 'profeta' Mendeleyev, Pauli, e Sommerfeld com a órbita eletrônica em forma de elipse. Este trabalho mantém a idéia original de sua primeira publicação em um congresso de química em 2001.

## ABSTRACT

This work has for objective to tell the man's related with the smallest existent particle intellectual activities, from Grécia X B.C. to the current days. Presenting the main works and discoveries of big Physical and Philosophers, as the atom the smallest particle of the matter from Leucipo and Demócrito, the idea of indivisible atom, base of the theory of Dalton, the atomic nucleus of Rutherford, the theory of orbital of Bohr, the elegant formation of the periodic table for the 'prophet' Mendeleyev, Pauli, and Sommerfeld with the electronic orbit in ellipse form. After a long study on the fundamental structure of the matter, we can mention descriptions of some properties of the atoms that any theory of atomic structure of the matter can explain.

# Sumário

# 1 Introdução

A noite segue o dia. As estações do ano sucedem-se às outras. As plantas e os animais nascem, crescem e morrem. Diante desse espetáculo cotidiano da natureza, o homem pode manifestar diversos sentimentos: medo, resignação, incompreensão. Sentimentos estes que acabam por conduzi-lo à Filosofia[1].

O termo grego *physis* pode ser traduzido por "natureza". Mas o seu significado vai além: é também realidade, não aquela pronta e acabada, mas que se encontra em movimento e transformação, que nasce e se desenvolve. Nesse sentido, a palavra significa "gênese", "origem", "manifestação". O que é *physis* ?, é então uma pergunta sobre a origem de todas as coisas que constituem a realidade que se manifesta no movimento. Ela procura saber se há um princípio único que governe, dirija e ordene todas as coisas do mundo, em seus diversos e até contraditórios aspectos[1].

No séc. II a IV a. C. a grande preocupação dos filósofos era de explicar a Natureza, devido o momento vivido pela Pólis, onde se discutia: Sociedade, Política, e Moral [2].

Nenhum povo da antiguidade influenciou tão decisivamente nossa civilização ocidental como os gregos. Este povo reúne características que os distinguem singularmente dos demais povos cuja cultura se desenvolve antes do início da era Cristã[3].

Foram quatro os fatores que propiciaram a origem e o desenvolvimento da ciência na Grécia:

"a) uma grande curiosidade intelectual, que os levou a absorver conhecimentos e técnicas de outras culturas mais complexas;

b) a ausência de uma organização administrativo-religiosa que impusesse pautas rígidas de comportamento e conduta;

c) o pequeno tamanho das cidades – estados, que facilitava a participação ativa de todos os cidadãos nos assuntos públicos, e sua proximidade física com as técnicas de produção; e

d) sua tendência à reflexão e seu afeiçoamento à argumentação e à dialética, que os impelia a contrastar as idéias de cada um com as idéias dos demais"

A ressalva que se pode fazer a esse ponto de vista, mesmo que se considerem válidos os fatores citados, é que pode não ter havido "um gênio grego" que desencadeou toda essa maneira de pensar. O surgimento de um pensamento racional (que se entende como filosofia) foi decorrência de diversos entrelaçamentos econômicos, culturais, sociais e históricos[4].

Aqui apresentamos algumas palavras gregas com seu sentido em português, num pequeno glossário que foram importantes nas discussões da Grécia antiga:

*Alitheie* = verdade (é a negação do esquecimento);

*Lógos* = reunir, colher, numerar, falar, narrar, dizer, calcular, e também pensar;

*Kósmos* = o bom ordenamento de coisas e pessoas;

*Dike* = justiça (modo de ser);

*Aítica* = causa a razão de alguma coisa, é aquilo que se responsabiliza pela causa;

*Éros* = amor;

*Neikos* = ódio;

*Arkhé* = princípio do início;

*Physis* = fazer nascer (produzir – é uma idéia de processo - transformação)[2].

A filosofia nasceu como 'física' e o termo tinha o significado de 'natureza, o mundo natural', (Physis). Portanto a 'física', originalmente tinha como 'universo', o estudo sistemático de toda a natureza, animada e inanimada e os filósofos, que se dedicavam a esse estudo, foram denominados 'Físicos'. Foi a partir do século XVI, que a física começou a restringir seu "universo de estudo" à matéria inanimada. Foi a partir deste ponto que a física deixou de ser uma "filosofia natural", para se tornar uma "ciência". Poderíamos dizer então, que a física estuda as propriedades e interações da matéria e energia; mas como tudo que existe na natureza é composto de matéria (energia) e sua existência depende desta interação, logo podemos ainda dizer, que a "física é a ciência que estuda a natureza"[5].

## 2 A Essência da Natureza : A Busca do Princípio

Aqui nesta seção é apresentado idéias e pensamentos de filósofos gregos, onde cada um defendia a sua hipótese sobre o princípio de todas as coisas.

### 2.1 Tales de Mileto (624-546): A água

O Filósofo grego Tales de Mileto afirmava que o elemento primordial do Universo era a água. Parece ser também de Tales, a primeira observação sobre um fenômeno elétrico ao atritar um bastão de ambar (elektron, em grego) com um pedaço de lã, e notar que o mesmo atraía corpos leves em sua proximidade[6]. O que hoje podemos notar facilmente quando penteamos os cabelos (secos) com pentes de plásticos. Isso leva a uma eletrização do pente e podemos reproduzir o efeito que Tales tinha descoberto.

## 2.2 Anaximandro (c.610–545a.C.): O indeterminado

Contemporâneo de Tales, Anaximandro procurava um caminho diferente. Para ele, o princípio da *physis* é o *ápeiron*, que pode ser traduzido como "indeterminado" ou "ilimitado". Eterno, o *ápeiron* está em constante movimento, e disto resulta uma série de pares opostos – água e fogo, frio e calor etc. – que constituem o mundo. O *ápeiron* é assim algo abstrato, que não se fixa diretamente em nenhum elemento palpável da natureza. Com essa concepção, Anaximandro prossegue na mesma via de Tales, porém dando um passo a mais na direção da independência do "princípio" em relação às coisas particulares[1].

## 2.3 Anaxímenes (Séc. VI a.C.): Arkhé

O meio termo entre Tales e Anaximandro é representado por Anaxímenes, que viveu em meados do século VI a.C. Segundo ele, a *arkhé* que comanda o mundo é o ar, um elemento não tão abstrato como o *ápeiron*, nem palpável demais como a água. Tudo provém do ar, através de seus movimentos: o ar é respiração e é vida; o fogo é o ar rarefeito; a água, a terra, a pedra são formas cada vez mais condensadas do ar. As diversas coisas que existem, mesmo apresentando qualidades diferentes entre si, reduzem-se a variações quantitativas (mais raro, mais denso) desse único elemento[1].

## 2.4 Heráclito: Fogo

Um filósofo jônico de grande importância, foi Heráclito de Éfeso (540-475 a.C.), para ele a substância formadora do universo era o "fogo", talvez pela sua capacidade de transformar as coisas colocando-as em movimento. Postulava também que o universo era dinâmico, numa eterna mudança, e o princípio unificador, o "logos" é que governa o equilíbrio atingido através da complementaridade entre os opostos[5].

## 2.5 Leucipo e Demócrito: O átomo e o vazio

Leucipo, nascido talvez em mileto e seu discípulo Demócrito de Abdera. Para eles, o mundo é composto de átomos – palavra grega que significa "não divisível". Assim, o átomo indivisível, mas também imutável, eterno, sempre idêntico a si mesmo e, nesse sentido, equivale ao **Ser** de Parmênides. Mas não é o único: são em número infinito os átomos. A conseqüência disso é que entre um átomo e outro existe um algo: um vazio, um nada, um não ser, tão repudiado por Parmênides e Zenão. É nesse vazio que os átomos se movem. Em seu entrechoque produzem diversas combinações entre si, e daí resulta a pluralidade das coisas: o Mundo em movimento[7]. O que mais tarde este vazio foi observado por experimentos físicos pelo cientista Rutherford, não tendo um significado intrinsecamente semelhante ao de Leucipo e Demócrito, que era de caráter filosófico.

Nada podiam em termos experimentais quanto à correção de sua teoria e precisavam satisfazer-se com explicações racionais hipotéticas, tidas como satisfatórias. Quanto ao aspecto de descoberta, a teoria mostrava-se profundamente insatisfatória, nada permitindo prever.

## 2.6 Aristóteles (384-322 a.C.): 4 elementos

Aristóteles da Estágira (384-322 a.C.) desenvolveu intensa crítica à posição dos atomistas e, aplicando extensa argumentação, dizia que a idéia de espaço vazio, bem como a de átomos dotados de movimento deveria ser rejeitada por carecer de fundamento.

Em seu grande sistema acerca do universo, Aristóteles desenvolveu uma teoria da matéria, que foi considerada satisfatória durante cerca de dois mil anos (sendo introduzidas durante este período pequenas alterações).

Para este filósofo a matéria era contínua e infinitamente divisível.

A Figura abaixo apresenta tal teoria bastante simplificada de quatro substâncias básicas ou elementos: terra, água, ar e fogo, bem com quatro qualidades associadas às substâncias: Seco, quente, úmido e frio

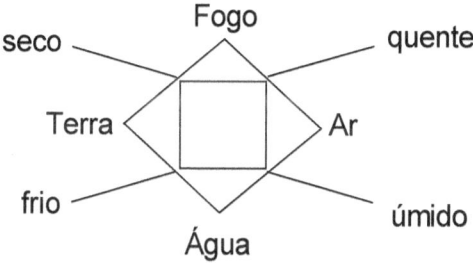

**Figura 2.6-1:** Teoria de quatro elementos: terra, água, ar e fogo e suas quatro qualidades associadas.

Tais elementos não são imutáveis e qualquer um deles pode transformar-se em outro e uma, ou ambos, de suas propriedades transforma-se em suas opostas.

Estas idéias de Aristóteles permitiam "explicar" uma série muito grande de fenômenos. A queima de uma árvore, por exemplo, poderia ser assim interpretada: os elementos constituintes da madeira, i.e., terra e água transformam-se em fogo e ar, através da conversão das propriedades seco, frio, úmido em seco, quente, úmido. Como é fácil notar, a única propriedade realmente mudada foi a de frio para quente. Isto serviria para explicar a facilidade com que a madeira se queima[8].

Em resumo, Demócrito e os demais gregos defendiam a idéia do átomo e não fizeram essa defesa com base em um trabalho experimental (prático), suas deduções eram filosóficas, i.e., eram fruto de um raciocínio abstrato[9]. Como essas idéias tinham apenas caráter filosófico, caíram no esquecimento até o início do séc. XIX[8]. No final do renascimento, Galileu (1564-1642) sugeriu que os átomos são partículas auto propulsionadas, e ele foi seguido por Boyle, Descarte, Newton e Maxwell. Essa idéia de átomo, foi usada por estes importantes cientistas. Séculos depois[9], quando Dalton (1808) publicou a sua célebre teoria atômica[8].

## 3 Modelos Atômicos (1766-1844)

### 3.1 O Átomo de Dalton

A idéia de átomo indivisível, base da teoria de Dalton, foi à forma encontrada por esse cientista *para explicar* os resultados experimentais sintetizadas nas leis de Lavoisier e Proust. Com o objetivo de explicar aquilo que poderia ser medido com relação às massas das substâncias participantes de uma transformação química, este cientista inglês foi levado a supor que a matéria era constituída por unidades indivisíveis, os átomos[9].

Dalton propôs sua *Teoria atômica* como um conjunto de hipóteses que explicariam as leis ponderais conhecidas na época. Essa teoria foi capaz não só de explicar os experimentos de Lavoisier e Proust, como de prever novos resultados experimentais (Leis de Dalton e de Richter)[9].

Separando os compostos em seus elementos, Dalton determinou os pesos atômicos de vários átomos então conhecidos. Muitos desses estavam errados, conforme se descobriu mais tarde, mas a abordagem do problema por Dalton foi fundamentalmente perfeita e preparou o caminho para a classificação periódica dos elementos, de Medeleyev[10-11].

As idéias originais de Dalton (1808) eram:

**1** os elementos são constituídos por átomos consistentes em partículas materiais separadas e indestrutíveis.

**2** os átomos de um mesmo elemento são iguais em massa e em todas as demais qualidades.

**3** os átomos dos distintos elementos, possuem diferentes massas e propriedades.

**4** os compostos se formam pela união de átomos dos correspondentes elementos em uma relação numérica simples e em todas suas outras propriedades[8].

Através de seus próprios estudos baseando-se no trabalho de pesquisadores, Dalton ajudou a organizar e ampliar o conhecimento do átomo pelo homem. Uma vez que sua fé puritana proibia-o de aceitar qualquer espécie de honra por sua obra, a eleição de Dalton para a Sociedade Real em 1822 foi feita sem o seu assentimento[10].

## 3.2 O Modelo Atômico de Jeans

em 1901, o físico e matemático inglês Sir James Hopwood Jeans (1877-1946) sugeriu na *Phylosophical Magazine 2* que o átomo era eletricamente neutro pois, além dos elétrons, era composto de um outro tipo de partícula de igual massa e de carga elétrica oposta. Ainda para Jeans, esse par de partículas positiva e negativa era orientado espacialmente de modo que as positivas apontavam sempre para o interior e não poderiam ser deslocadas[12].

Em 1901, o físico francês Jean baptiste Perrin formulou na *Revue Scientifique 15* a hipótese de que os elétrons nos átomos se deslocavam em órbitas em torno de um caroço central com velocidades da ordem das velocidades com que os elétrons são arrancados do alumínio devido ao efeito fotoelétrico. Se tal ocorresse, concluiu Perrin, a freqüência de revolução dos elétrons era da ordem das freqüências ópticas das raias espectrais. Destaca-se que Perrin admitiu ainda que as instabilidades dessas órbitas fossem responsáveis pelos fenômenos da radioatividade e, principalmente, do decaimento beta[12].

## 3.3 O Modelo Atômico de Thomson

Thomson, baseando-se nas pesquisas de Michael Faraday (1834)[13] sobre a matéria ter natureza elétrica. Propôs em 1898 um primeiro modelo mais detalhado do átomo.

Ele supôs que o átomo fosse uma esfera de cargas positivas, na qual os elétrons estivessem espalhados como se fossem passas num pudim (pudim de ameixas). Segundo Thomson, a densidade do átomo seria uniforme[9].

Thomson teve a felicidade de ter sete dos cientistas que trabalharam sob sua orientação apontados como ganhadores do Prêmio Nobel. Ele próprio recebeu o Prêmio Nobel de Física em 1906 por suas pesquisas sobre a condução elétrica dos gases, que o levara à descoberta do elétron[14].

## 3.4 O Modelo Nuclear de Rutherford

Realizando-se uma série de experiências envolvendo radioatividade, o cientista Ernest Rutherford deu um passo importante, quando promoveu uma célebre experiência, que serviu para *testar* o modelo de Thomson.

Em 1895 inventou um detector radiomagnético que foi posteriormente aperfeiçoado por Marconi. Foi o primeiro cientista a sugerir a desintegração dos elementos químicos. Identificou três tipos de radiações emitidas por substâncias radioativas: os raios Alfa, Beta e Gama[15].

Com suas experiências, Rutherford abandonou a hipótese de Thomson de que a distribuição de partículas positivas e negativas se dava de forma homogênea e chegou a conclusão que a melhor maneira de estudar a estrutura atômica era bombardear o átomo, usando as radiações emitidas por fontes radioativas[8-9].

Rutherford usou como fonte radioativa o *rádio*, que possui a propriedade de emitir, espontaneamente, núcleos de hélio ($He^{2+}$) que recebem o nome de partículas $\alpha$ e são emitidas com uma velocidade de 20000 km/s.

O material radioativo foi colocado dentro de um invólucro de chumbo (isolante radioativo) que possui um orifício pelo qual são emitidas as partículas $\alpha$. Esse orifício estava dirigido contra uma lâmina de Ouro ($10^{-5}$ cm de espessura). Em toda a volta da placa de metal foi colocada uma tela de Sulfeto de Zinco (ZnS) que se torna fluorescente com a incidência de partículas $\alpha$.

Rutherford verificou que a maioria das partículas α passavam diretamente pela placa metálica sem sofrer deflexão. Uma pequena parte das partículas sofria deflexão. Pelos cálculos de Rutherford, cerca de 5 em cada 100000 partículas sofriam deflexão. Uma quantidade muito diminuta de partículas sofria um retrocesso total.

Para explicar suas verificações, ele supôs que a lâmina de ouro e seus átomos, prevalecia um espaço quase totalmente vazio. Isto explicava a passagem de quase todas as partículas em linha reta, através da lâmina de metal.

Neste experimento, uma dúvida que o intrigava era de "como se distribui a carga elétrica no átomo para criar a enorme força de repulsão necessária para mudar a direção de uma partícula rápida, massiva e com carga positiva?".

Rutherford justificou, que a carga elétrica positiva do átomo não está dividida uniformemente em todo o volume do átomo. Supondo que a carga elétrica positiva do átomo e portanto quase toda a massa do mesmo deveria estar concentrada num volume muito pequeno. Sendo esta porção do átomo denominada de *núcleo atômico*.

Rutherford ainda afirmou que os elétrons encontram-se em movimento circular em torno do núcleo, com uma velocidade tal que a força elétrica de atração, exercida pelo núcleo, é equilibrada pela força centrífuga.

Através de seus cálculos durante as suas experiências chegou a conclusão de que o átomo seria 1000 vezes maior que o núcleo[8].

## 3.5 O Átomo de Bohr (1885-1962)

Segundo a teoria clássica do eletromagnetismo, de James Clerck Maxwell, físico escocês, uma carga elétrica em movimento acelerado emite energia na forma de ondas eletromagnéticas. O elétron em movimento circular estaria sujeito à aceleração centrípeta e iria emitir energia até cair no núcleo. O sistema atômico entraria em colapso e a matéria estaria de comprometida na sua estrutura básica, assim havia uma contradição no modelo atômico de Rutherford porque, isso na verdade não ocorre.

Após o modelo nuclear de Rutherford ter sido proposto, Niels Bohr (1913) propôs uma série de postulados, que romperam a excelência da teoria clássica, explicavam a estrutura espectral e evitavam o problema da estabilidade. Neste período formulou de forma mais precisa a teoria quântica do átomo; assimilou que os princípios quânticos eram irracionais do ponto de vista da mecânica clássica. Estabeleceu no chamado *princípio da correspondência* as circunstâncias em que deveriam concordar a mecânica clássica e as novas teorias[15].

Bohr propôs que:

**1** Os elétrons se deslocam em órbitas selecionadas pela exigência de que o momento angular seja um múltiplo de *h/2π* ,i.e., para órbitas circulares de raio *r*, a velocidade *v* do elétron tem que ser dada por

$$mvr = \frac{nh}{2\pi}$$

E que, além disso, os elétrons nessas órbitas não irradiam, apesar de sua aceleração. Dizia-se que eles estavam em estados estacionários.

**2** os elétrons podem efetuar transições descontínuas de uma órbita permitida para outra e a variação de energia, E-E', aparecerá como radiação de freqüência

$$\nu = \frac{E - E'}{h}$$

Um átomo pode absorver radiação por meio da transição dos seus elétrons para uma órbita de energia mais alta.

As conseqüências destes postulados são deduzidas muito facilmente para átomos de um elétron como o hidrogênio, o hélio uma vez ionizado, e assim por diante, desde que se trate com órbitas circulares.

Analisando os postulados de Bohr, o primeiro postulado do modelo atômico expressa a existência do núcleo atômico e ele pode concluir que, como as órbitas são circulares em torno do núcleo fixo, o elétron está sobre a ação de uma força centrípeta. Que, além disso, estaria também sobre a ação de uma força elétrica que são iguais em módulo; $F_c = F_e$, onde $F_e$ é a força elétrica coulombiana de interação entre as cargas, pela relação:

$$F_e = \frac{Ze^2}{4\pi\varepsilon_0 r^2} \tag{1}$$

onde $e$ é a carga do elétron, Z o número atômico e $r$ a distância entre as cargas. E a força centrífuga que age sobre a partícula é dado pela equação:

$$F_c = \frac{mv^2}{r} \qquad (2)$$

onde $m$ é a massa da partícula, $v$, velocidade desta e $r$ o raio da órbita. E para que o elétron se mantenha estável em sua órbita é necessário que a faça eletrostática entre o elétron e o núcleo seja exatamente equilibrada pela força centrífuga, devido ao movimento circular:

$$\frac{Ze^2}{4\pi\varepsilon_0 r^2} = \frac{mv^2}{r} \qquad (3)$$

$$\frac{Ze^2}{4\pi\varepsilon_0 r} = mv^2 \qquad (4)$$

Bohr postulou que o momento angular, $mvr$, é

$$mvr = \frac{nh}{2\pi} \qquad n = 1, 2, 3,...$$

onde h é a constante de Planck e n é denominado número de Bohr. O momento angular deve ser igual um múltiplo inteiro de h/2π, o qual substituído na em (4) temos que

$$r = \frac{n^2 h^2 \varepsilon_0}{Ze^2 \pi m} \qquad n = 1, 2, 3,... \qquad (5)$$

o seguinte postulado dizia respeito a emissão de radiação eletromagnética de um elétron, que se move inicialmente sobre uma órbita , tendo energia $E_i$, e transita descontinuamente para uma dada órbita inicial sendo $E_f$ a energia da órbita final. A energia total da partícula é dada pela equação E = K + V, onde V é a energia potencial da partícula e K é a sua energia cinética. A energia potencial é dada por

$$V = -\frac{Ze^2}{4\pi\varepsilon_0 r} \tag{6}$$

ela é negativa porque a força coulombiana é atrativa. A energia cinética do elétron K, pode ser calculada a partir da equação:

$$K = \frac{1}{2}mv^2 \tag{7}$$

se considerarmos a equação (4) e isolamos a velocidade e quadrarmos temos que

$$v^2 = \frac{Ze^2}{4\pi\varepsilon_0 rm} \tag{8}$$

depois substituímos em (7) obtemos

$$K = \frac{Ze^2}{8\pi\varepsilon_0 r} \qquad (9)$$

comparando (9) e (6),

$$E = \frac{Ze^2}{8\pi\varepsilon_0 r} - \frac{Ze^2}{4\pi\varepsilon_0 r}$$

$$E = -\frac{Ze^2}{8\pi\varepsilon_0 r}$$

e utilizando-se de (5) em valor de $r$ temos a energia

$$E = -\frac{Z^2 e^4 m}{8\varepsilon_0^2 h^2 n^2} \qquad (10)$$

desta forma pode-se calcular a energia de ligação do átomo de hidrogênio a partir dessa equação

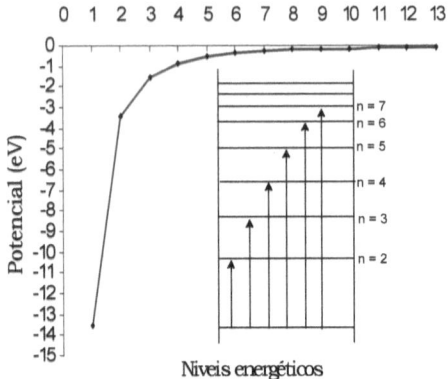

Potencial dos Niveis Energéticos

**Figura 3.4-1:** O potencial coulombiano V (r) e seus autovalores $E_n$. Para valores grandes de n, os autovalores tornam-se muito pouco espaçados em energia porque $E_n$ se aproxima de zero quando n tende a infinito. Observe que a interação de V (r) com $E_n$, que define a posição de um da região clássica permissível, se move para fora quando, n aumenta. Não aparece na figura acima o contínuo de autovalores de energias positivas correspondentes aos estados não ligados.

O sucesso da teoria de Bohr com átomos hidrogenóides deu grande ímpeto a que se efetuasse pesquisa adicional sobre o "átomo de Bohr". Apesar de alguns sucessos extraordinários, conseguidos por Bohr e outros, estava claro que a teoria era provisória[16].

## 3.6 Modelo Atômico de Sommerfeld (1868-1951)

Sommerfeld, estudando espectros de emissão de luz de outros elementos, verificou que estes eram mais complexos, não sendo possível justificá-lo admitindo camadas por apenas órbitas circulares. Tendo idéia de que cada camada variava o número de elétrons.

Ele conclui que em uma camada eletrônica havia uma órbita circular e órbitas elípticas, em que *n* é o número de camadas. Por exemplo: na 4ª camada (n) havia uma órbita circular e três órbitas elípticas.

O elétron teria uma quantidade de energia determinada pela distância que tem do núcleo e outra, pelo tipo de órbita descrita[17]. Para isso Sommerfeld, aplicou a sua idéia que o elétron poderia se mover em órbitas elípticas, para a explicação da estrutura fina[1] do espectro de hidrogênio.

Sommerfeld inicialmente calculou o tamanho e a forma das possíveis órbitas elípticas, bem como a energia total de um elétron se movendo em uma dessas órbitas, usando as fórmulas da mecânica clássica. Descrevendo o

---

[1]A estrutura fina é uma separação das linhas espectrais em várias componentes diferentes, que é encontrada em todos os espectros atômicos.

movimento em coordenadas polares r e θ, ele aplicou as duas condições de quantização[18]. Seguindo-se de:

$$\oint L d\theta = n_\theta h \text{ e } \oint p_r dr = n_r h$$

sendo que a primeira condição, revela a restrição para o momento angular orbital. $L = n_\theta$ h    $n_\theta$ = 1, 2, 3,..., a qual era obtida para a teoria da órbita circular. A segunda condição leva à seguinte relação entre L e $a/b$, a razão entre o semi-eixo maior (a) e o semi-eixo menor (b) da elipse, L (a/b-1) = $n_\gamma\hbar$, Sommerfeld calculou estes semi-eixos, que deram a forma e o tamanho de órbitas elípticas e também a energia total E de um elétron nessa órbita.

Em 1916 Wilson e Sommerfeld enunciaram um conjunto de regras para a quantização de qualquer tema físico para o qual as coordenadas fossem funções periódicas do tempo. Incluindo a idéia de quantização de Bohr quanto à de Planck como casos especiais [19].

$$\oint \sum_{1}^{3} p_q dq_{qi} = n_q h$$

estas condições eram as condições múltiplas de Sommerfeld que também tornam-se à ressonância de ondas de fase[19].

## 3.7 Modelo Atômico de Landé (1868-1951)

Em 1923, Alfred Landé apresentou na *Zeitschrift für Physik* 15 (p.189) a sua versão para o modelo vetorial do átomo. Basicamente, nesse modelo, o momento angular total $\vec{J}$ do átomo era a soma vetorial do momento angular $\vec{K}$ dos elétrons externos e o momento angular $\vec{R}$ do 'caroço'[20]:

$$\vec{J} = \vec{K} + \vec{R}$$

e em 1925 seu trabalho foi estendido por Russel e o físico canadense Frederick albert Saunders (1875-1963), num trabalho de análise espectral do cálcio, onde consideraram o acoplamento entre o spin (S) e o momento angular (L) dos elétrons atômicos, que ficou conhecido como acoplamento **Russel-Suanders** ou acoplamento **L-S.**

### 3.8 Modelo Atômico de Wolfgang Pauli

Em 1925, Pauli apresentou um trabalho, o qual utilizou o **modelo vetorial do átomo** para examinar o espectro de multipletos de átomos alcalinos e alcalino terrosos, tratando relativisticamente os elétrons atômicos. Contudo, como esse espectro não era bem explicado por aquele modelo atômico, Pauli propôs, então, o seu próprio modelo baseado em quatro números quânticos, assim distribuídos: *n – quântico principal, k – quântico azimutal ou orbital, $m_1$ e $m_2$ – números quânticos magnéticos* . Em alguns casos, Pauli considerava dois números quânticos azimutais $k_1$ e $k_2$, e apenas um número quântico magnético $m_1$. Pauli analisando esse modelo, explicou a tabela periódica dos elementos, através de seu célebre **princípio de exclusão**.

### 4 Classificação Periódica de Dmitrii Mendeleev

Vários cientistas contribuíram para que se chegasse à classificação periódica dos elementos, porém o trabalho de Mendeleyev destaca-se por ser o mais completo. Ele colocou aproximadamente 70 elementos em ordem crescente de massas atômicas e deixou vazios para colocassem futuramente elementos até então desconhecidos (Ga, Ge, Sc), além de fazer previsões de suas propriedades. Para designar alguns elementos desconhecidos, Mendeleyev usou eka (que significa "o que vem a seguir") seguido um elemento conhecido. Exemplo: eka-alumínio, que depois de descoberto foi chamado de gálio; eka-silício, posteriormente chamado de Germânio.

Seu trabalho completou-se também pelo ordenamento dos elementos de acordo com o peso atômico crescente em colunas verticais, de modo que as linhas horizontais contenham elementos análogos ainda ordenados segundo o peso atômico, gerando a tabela periódica, da qual algumas poucas conclusões gerais podem ser derivadas.

1. Os elementos, se forem dispostos de acordo com seus pesos atômicos, exibem uma periodicidade de propriedades.

2. Elementos quimicamente análogos têm os pesos atômicos similares (Pt, Ir, O) ou pesos atômicos que aumentam por incrementos iguais (K, Rb, Cs).

3. O arranjo segundo o peso atômico corresponde à valência do elemento e, em uma certa extensão, à diferença no comportamento químico, por exemplo Li, Be, B, C, N, O, F.

4. Os elementos mais amplamente distribuídos na natureza têm pequenos pesos atômicos e todos estes elementos são marcados pela distinção de seus comportamentos. Ele são, portanto, os elementos representativos; e, do mesmo modo, o elemento mais leve H é escolhido corretamente como o mais representativo.

5. A magnitude dos pesos atômicos determina as propriedades do elemento. Portanto, no estudo dos compostos, não somente as quantidades e propriedades dos elementos e seus comportamentos recíprocos devem ser levadas em conta, mas também o peso atômico de seus elementos deve ser considerado. Assim os compostos de S e Tl, Cl e J, exibem não somente muitas analogias mas também diferenças marcantes.

6. Pode-se prever a descoberta de muitos novos elementos, por exemplo, os análogos do Si e Al com pesos atômicos de 65-75.

7. Uns poucos pesos atômicos provavelmente exigirão correção; por exemplo, Te não pode ter o peso atômico 128, mas sim 123-126[21].

## 5 Conceito Atual de Elemento Químico

Atualmente o conceito de elemento químico baseia-se no número atômico, porque os átomos com o mesmo número de Próton pertencem ao mesmo elemento químico. Havendo uma relação direta entre o elemento químico e o número atômico. E o elemento químico fica definido como sendo um conjunto de átomos que possuem o mesmo número atômico.

## 6 Algumas Propriedades dos Átomos

depois de um longo estudo sobre a estrutura fundamental da matéria, podemos citar descrições de algumas propriedades dos átomos que qualquer teoria de estrutura atômica da matéria deva ser capaz de explicar.

# 7 Os Átomos Combinam-se

A existência da tabela periódica dos elementos químicos, com as suas notáveis seqüências de propriedades químicas e física que se repetem periodicamente, é um forte indício de que os átomos das moléculas são constituídos de um modo sistemático.

A tabela periódica possui seis períodos horizontais completos de elementos, cada período começa com um metal alcalino altamente reativo (lítio, Sódio, Potássio etc) e termina com um gás nobre, quimicamente inerte (Neônio, Argônio, Criptônio etc). Os números dos elementos nestes períodos são: 2,8,8,18 e 32.

A Física Quântica, prevê estes números e nos leva a um entendimento mais geral da tabela periódica, esclarecedora, assim, boa parte da Física e quase toda a Química. Como os processos vitais que nos mantêm como seres vivos pensantes são bioquímicos, concluímos que a Física Quântica desempenha um papel crucial em nossas vidas.

## 7.1 Valência Química

Em 1916, o física alemão Walter Ludwig Julius Kossel (1888-1956) e independentemente, o químico norte americano Gilbert Newton Lewis (1875-1946) mostraram, respectivamente, nas revistas *Annalen der physik e Journal of the american Chemical Society*, que a Valência Química (conceito introduzido em 1868) é a capacidade de combinação dos elementos químicos, se devia a um par de elétrons que era compartilhado pelos átomos desses elementos[19].

## 8 Natureza Elétrica dos Átomos

Em 1833, com os resultados dos experimentos de Faraday sobre a eletrólise derivou-se dois resultados, sendo:

1) Uma dada quantidade de eletricidade sempre depositará uma mesma massa de uma substância no eletrodo.

2) As massas das várias substâncias depositadas, dissolvidas ou formadas no eletrodo por uma quantidade definida de eletricidade são proporcionais aos pesos equivalentes das mesmas[22].

## 9 Os Átomos Emitem e Absorvem Luz

Outra característica fundamental dos átomos é a emissão e absorção de luz em freqüências bem definidas. Os átomos só podem existir em certos estados quânticos discretos, cada estado com sua energia característica. Um átomo emite luz ao passar de um desses estados para outro estado, de menor energia. A freqüência da luz emitida é dada pela *condição de freqüência de Bohr*.

$$hf = E_i - E_f$$

Nesta expressão, $E_i$ e $E_f$ são as energias dos estados de maior energia (estado inicial) e de menor energia (estado final), respectivamente, e $h$ é a constante de Planck.

Logo, o problema da determinação da freqüência da luz emitida ou absorvida por um átomo se reduz ao problema da determinação dos níveis de energia do átomo.

Os postulados da Física Quântica nos permitem – pelo menos em princípio – calcular essas energias.

## 10 Números Quânticos

Nos estudos de Rutherford e Bohr, as órbitas eletrônicas foram sempre admitidas como circulares. Em 1916, o cientista Sommerfeld afirmou que o movimento de um corpo ao redor do outro, atraído por uma força inversamente proporcional ao quadrado da distância determina uma trajetória.

Surgiu então, a idéia dos *subníveis energéticos*, segundo o qual os elétrons de um mesmo nível poderiam ter energias variáveis, dependendo da órbita descrita.

A distribuição dos elétrons na eletrosfera estudada pelos cientistas Bohr, Sommerfeld e Wolfgang Pauli, foi baseado na Teoria Quântica. Segundo estes cientistas, os elétrons distribuem-se de acordo com os estados quântico e que são os seguintes:

*Nível Energético*: comprimento da trajetória
*Subnível Energético*: forma da trajetória
*Orbital*: trajetória
*Spin*: movimento de rotação do elétron

## 10.1 Número Quântico Principal (*n*)

Sabemos que os elétrons podem se localizar em sete níveis energéticos, sendo que estes indicam a trajetória do elétron. Dependendo da localização no nível energético, o elétron recebe um número quântico chamado de principal e que é representado pela letra *n*.

**Tabela 10.2-1:** Nível energético

| Nível energético | k | l | m | n | o | p | p |
|---|---|---|---|---|---|---|---|
| $N$ | 1 | 2 | 3 | 4 | 5 | 6 | 7 |

## 10.2 Número Quântico Secundário ou Azimutal ( *l*)

Os subníveis energéticos caracterizam a forma de trajetória do elétron. Dependendo da trajetória, temos uma energia diferente. O número quântico secundário indica a forma de trajetória do elétron, podendo variar de zero até (n-1). A sua representação é feita pela letra *l*.

**Tabela 10.2-2:** Subníveis de energia

| Subnível | *l* |
|:---:|:---:|
| *s* | 0 |
| *p* | 1 |
| *d* | 2 |
| *f* | 3 |

Matematicamente, deduziu-se que cada subnível pode conter um número máximo de elétrons determinado pela equação:

**Tabela 10.2-3:** Subníveis de energia quanto ao comportamento máximo de elétrons

| Subnível | *l* | 4*l*+2 | *n° de elétrons* |
|:---:|:---:|:---:|:---:|
| *s* | 0 | 4.0+2 | 2 |
| *p* | 1 | 4.1+2 | 6 |
| *d* | 2 | 4.2+2 | 10 |
| *f* | 3 | 4.3+2 | 14 |

## 10.3 Número Quântico Magnético

O número orbitais de um subnível pode ser determinado pela seguinte equação matemática:

$$n^{\circ} \ orbitais = 2l + 1$$

**Tabela 10.3-1:** Subníveis de energia quanto ao comportamento máximo de orbitais

| Subnível | $L$ | $2l+1$ | $n^{\circ}$ de orbitais |
|----------|-----|--------|-------------------------|
| $s$ | 0 | 2.0+1 | 1 |
| $p$ | 1 | 2.1+1 | 3 |
| $d$ | 2 | 2.2+1 | 5 |
| $f$ | 3 | 2.3+1 | 7 |

A representação mais usual para um orbital é um quadrado. Assim, temos para cada subnível:

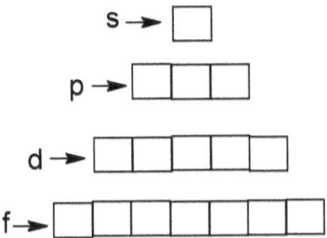

**Figura 10.3-1:** representação de elétrons em um orbital quadrado.

A orientação dos orbitais no espaço que, também é quantizada, exige um terceiro número quântico, chamado número quântico magnético. Esse nome é devido ao fato de que os átomos quando são colocados em um campo magnético, seus elétrons tendem a sofrer uma orientação que pode ser detectada por uma linha espectral da radiação resultante da ação do campo

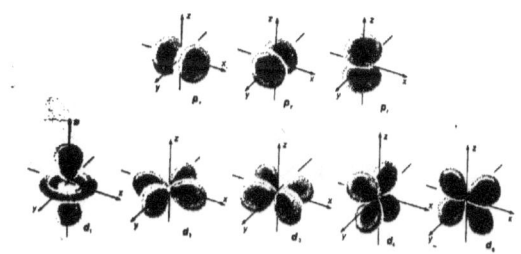

magnético

**Figura 10.3-2**: representação dos orbitais quânticos.

## 10.4 Número Quântico Spin (S)

O alemão Werner Heisenberg (1901-1976) publicou um artigo, no qual estudou um problema de **N** elétrons colocados em **N** diferentes funções de onda orbitais, com o spin de cada elétron podendo assumir uma das duas orientações: **up** ou **down**. Com esse modelo, demonstrou que o estado de menor energia desses elétrons ocorreria quando seus spins estivessem alinhados na mesma direção. Resultado análogo foi obtido por Dirac (1926), onde estudou a interação da radiação clássica com um sistema quanto-mecânico[20].

A idéia de spin do elétron determina o sentido de rotação dos elétrons do mesmo orbital. Por exemplo, pegamos dois elétrons (como na figura 10.4-1) ao redor do núcleo, com spins contrários

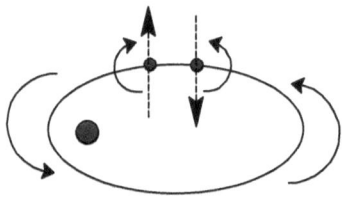

**Figura 10.4-1:** a idéia spin, de dois elétrons ao redor do núcleo, com spins contrários.

Os dois elétrons movimentam-se no mesmo orbital porém, seus spins são opostos e recebem o nome de *antiparalelos*. Como o elétron é uma carga elétrica em movimento, de acordo com a teoria clássica, uma carga em uma órbita circular, gera um campo magnético[22] em sua volta. Quando os dois elétrons possuem spins opostos, resulta uma força magnética de atração entre eles.

## 11 Distribuição Eletrônica nos Orbitais - Regra de Hund

De acordo com o cientista Hund, os elétrons tem uma tendência de ocupar isoladamente os orbitais disponíveis num subnível. O que seria a distribuição dos elétrons entre orbitais de um mesmo subnível, devemos colocar inicialmente um elétron em cada orbital e só depois disso devemos iniciar o emparelhamento.

## 12 O Princípio de Formação

O princípio de formação nos pode mostrar como é que os elétrons ocupam os orbitais de um átomo. Lembrando que os elétrons procuram os estados disponíveis de menor energia e estão sujeitos à restrição de dois deles não poderem estar simultaneamente no mesmo estado[23]. Ou seja, dois elétrons no mesmo átomo não podem ter os mesmos quatro números quânticos $n$, $l$, $m_l$, e $m_s$. o número quântico principal $n$, o número quântico do momento angular total $l$, o número quântico magnético $m_l$, referente a uma orientação particular do momento angular, e o número quântico de spin $m_s$, devem ser diferentes para cada elétron. As combinações permitidas para esses primeiros números estão apresentados na tabela 12.1-1.

**Tabela 12.1-1**: Combinações permitidas de números quânticos

| $n$ | $l$ | $m_l$ | $m_s$ | | |
|---|---|---|---|---|---|
| 1 | 0 | 0 | ½ | } | $1s$ |
| 1 | 0 | 0 | -½ | | |
| 2 | 0 | 0 | ½ | } | $2s$ |
| 2 | 0 | 0 | -½ | | |
| 2 | 1 | 0 | ½ | | |
| 2 | 1 | 1 | -½ | | |
| 2 | 1 | 1 | ½ | } | $2p$ |
| 2 | 1 | -1 | -½ | | |
| 2 | 1 | -1 | ½ | | |
| 3 | 0 | 0 | -½ | } | $3s$ |
| 3 | 0 | 0 | ½ | | |
| 3 | 1 | 0 | -½ | | |
| 3 | 1 | 0 | ½ | | |
| 3 | 1 | 1 | -½ | } | $3p$ |
| 3 | 1 | 1 | ½ | | |
| 3 | 1 | -1 | -½ | | |
| 3 | 1 | -1 | ½ | | |
| 3 | 2 | 0 | -½ | | |
| 3 | 2 | ± 1 | ½ | } | $3d$ |
| 3 | 2 | ± 2 | -½ | | |
| 4 | 0 | 0 | ½ | } | $4s$ |
| 4 | 1 | 0 | -½ | | |
| 4 | etc | etc | etc | } | $4p$ |

Utilizando-se essas combinações de orbitais e o princípio de exclusão de Pauli, que é a chave para se entender da tabela periódica. Lembrando-se que as energias das orbitais aumentam na ordem de 1s < 2s < 3s, etc. no caso do hidrogênio. Hidrogênio, o primeiro elemento, tem um elétron nas orbitais 1s e os spins são opostos. Neste caso, $n = 1$, $l = 0$, $m_l = 0$, e $m_s = \pm ½$ . essa é a configuração eletrônica do *estado fundamental* e é indicada por $1s^2$ (sharp), o índice superior indica o número de elétrons no nível. O terceiro elemento, Lítio, tem três elétrons. O estado $1s$ já está *completo* com dois elétrons; dessa forma, o terceiro elétron deve ir para o próximo nível mais baixo, $2s$. a configuração fundamental é, então, descrita como $1s^2\ 2s^2$. Verificando na tabela **10.1-1** acima, vemos que dois elétrons $2s$ e seis elétrons $2p$ são possíveis. O neon, com 10 elétrons, tem, então, dois elétrons no nível $1s$, dois no $2s$ e seis no subnível $2p$. Seu estado fundamental é descrito como $1s^2\ 2s^2\ 2p^6$.

Os elétrons, em um dado valor de n, diz-se que estão em camadas. Quando todos os níveis numa *camada* estão completos, temos uma *camada completa*. os subníveis 2s e 2p, diz-se que formam subcamadas na camada completa $n = 2$. As camadas e subcamadas preenchem-se, completa e aproximadamente, na seqüência 1s, 2s, 2p, 3s, 3p, 4s, 3d, 4p, 5s, 4d, 5p, etc. a ordem exata é determinada pela interação eletrônica.

# 13 Diagrama de Pauling

Na prática, para se determinar a ordem crescente dos subníveis, podemos usar o diagrama de Linus Pauling. Segundo Linus Pauling, o átomo no estado fundamental apresenta elétrons distribuídos em ordem crescente de energia, i. e., os elétrons ocupam primeiramente os subníveis de menor energia. Essa ordem nos subníveis pode ser observada pelo diagrama de Pauling

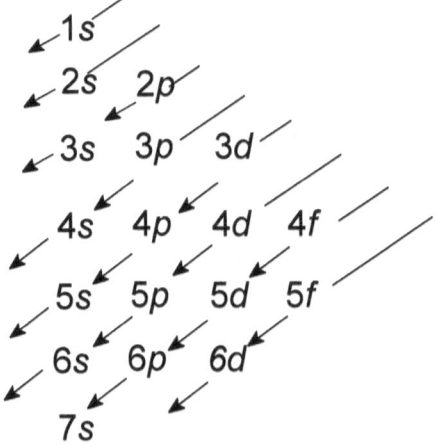

**Figura 13.1:** Diagrama de Linus Pauling

# 14 Os Átomos Tem Momento Angular e Magnetismo

Os elétrons nos átomos comportam-se classicamente como se fossem minúsculas espirais de corrente e têm um *momento angular orbital* bem como um *momento magnético orbital* associado com esse movimento. Com o comportamento clássico do elétron como uma carga negativa em movimento de rotação, originando, portanto, um *momento magnético de Spin* que lhe é intrínseco. Como o elétron possui carga negativa, o momento magnético orbital de Spin tem sentidos opostos aos momentos angulares correspondentes.

Os momentos angulares de Spin e os momentos orbitais de elétrons num átomo se combinam produzindo um momento angular resultante para o átomo como um todo.

A esse momento angular resultante está associado um momento magnético resultante[24].

Em 1922 Stern e Gerlach realizaram uma experiência com o objetivo de determinar o momento magnético de átomos de prata através da deflexão de feixes destes átomos por um campo magnético não homogêneo. Produziram por evaporação as moléculas de prata e dirigiram-nas através de um orifício para um alvo (uma placa de vidro onde se depositavam) por ação do

praticado no dispositivo no extremo oposto ao forno. Na sua trajetória, o feixe de átomos interagiam com um gradiente de campo magnético ($\partial B/\partial z$)

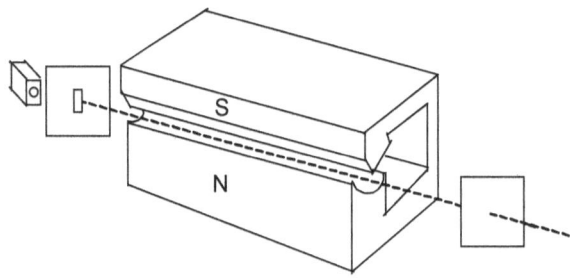

**Figura 14.1:** Aparelho de Stern-Gerlach. O campo entre os dois pólos do imã aparece indicada pelas linhas da campo desenhadas em uma das extremidades do imã. A intensidade do campo aumenta na direção z positiva (para cima).

O experimento teve insucesso da previsão clássica, Stern e Gerlach verificaram que a placa de vidro onde se depositam a prata mostrava apenas duas manchas pontuais distintas. A conclusão mais importante e surpreendente da experiência de Stern-Gerlach é a quantidade de orientação do momento magnético dos átomos num campo magnético[22,25].

## 15 Dualismo de De Broglie

Depois da apresentação dos modelos apresentados por Sommerfeld e Pauli. Bohr e Einstein tinham consciência da fragilidade do modelo. Era necessário buscar novas saídas. A mecânica quântica oferecia excelente instrumento matemático que implicava uma revisão profunda do conceito básico de causalidade e determinismo em física. O primeiro cientista a dar um passo revolucionário nesse sentido foi um aristocrata francês, príncipe Louis de Broglie (1892-1986). Sua hipótese sobre o dualismo da matéria, que todo o movimento de um corpo está associado a uma onda, assim como a luz comporta-se como onda-partícula abriu um novo caminho para se pensar o elétron: a *onda-partícula*[4,26].

Para colocar sua hipótese em forma matemática, De Broglie expressou o comprimento de onda $\lambda$ de uma partícula em função de sua quantidade de movimento (momento): $P = mv$.

Sabemos da relatividade, que a relação massa-energia vale $E = mc^2$ e, portanto, a massa associada a um fóton, cuja velocidade é da luz, c, vale $m = P/c^2$, então:

$$P = mc = \frac{E}{c^2} c \therefore P = \frac{E}{c} \quad com \quad E = h\nu$$

Obtém-se

$$P = \frac{h\nu}{\lambda\nu} = \frac{h}{\lambda} \rightarrow P = \frac{h}{\lambda}$$

Esta expressão relaciona uma grandeza característica de onda ($\lambda$) com uma característica de partícula (P).

Segundo as idéias clássicas de Newton, uma onda era uma perturbação se propagando, e uma partícula, um objeto material localizável. Todavia, fótons e elétrons não são entidades clássicas não se devendo aplicar-lhes tais idéias. Um fóton não é nem uma onda nem uma partícula; é uma entidade que tem as características de onda e de partícula[27].

Depois do conhecimento de De Broglie, foi desenvolvida por vários físicos notáveis, como Heisenberg, Schröndiger, Born, Pauli e Dirac, que elaboraram a mecânica Quântica[28].

## 16 A Equação de Schrödinger

Em 1926, o físico austríaco Erwin Schrödinger (1887-1961) publicou quatro trabalhos nos *Annales de Physique Leipzig* nos quais desenvolveu a sua famosa Mecânica Quântica Ondulatória, cujo resultado principal é a equação para as órbitas estacionárias dos elétrons atômicos, a igualmente famosa equação de Schrödinger:

$$\nabla^2\Psi_{(x,y,z)} + \frac{\hbar^2}{2m}\left[E - V_{(x,y,z)}\right]\Psi_{(x,y,z)} = 0 \qquad (1)$$

Em relação ao trabalho de Bohr, o trabalho de Schrödinger foi bem mais completo. Uma vez que prevê também o seguinte:

- *As autofunções são correspondentes a cada autovalor.*
- *Prevê o cálculo da probabilidade de um determinado estado.*
- *Prevê o cálculo da probabilidade de transição de um estado para outro.*
- *Calcula os momentos angulares orbitais.*

A equação de Schrödinger nada mais é que uma equação diferencial de segunda ordem,a qual podemos aplicar para um sistema como o átomo de $^1$H e calcularmos os seus níveis de energias correspondentes. Historicamente foi o primeiro sistema que Schrödinger tratou, onde os autovalores de energia são os mesmos que previstos por Bohr[29].

## 17 Teoria De Dirac (1902- 1984)

Um dos maiores físicos do mundo. Seu nome era Paul Adrien Maurice Dirac e foi o primeiro a afirmar categoricamente que haviam o que se chamam de Antipartículas.

Hoje em dia fala-se bastante em antipartículas, como o pósitron, o antineutrino, o antipróton. Em aparelhos milionários, chamados "colliders" são criados (embora sejam produtos muito comuns no espaço sideral) e são de grande importância para se descobrir as partes mais íntimas (e talvez últimas) da matéria que somos feitos.

Dirac efetuou na teoria dos elétrons, convertendo as equações de ondas (Schröndiger) em relativística. Pois, a equação, mesmo que era válida para o elétron negativo, deveria obedecer no elétron que fosse positivo. Como conheciam somente elétrons negativos, parecia que a equação assim transformada era uma mera relação matemática sem correspondência com a realidade física.

Porém, as experiências de Blackett e Occhialini demonstraram a existência de elétrons positivos (pósitrons), conforme a previsão de equação transformada. Dirac publicou: *Principles of quantum Mechanics*[30].

∗∗∗

## Agradecimentos

O autor agradece ao Prof. José Maria Filardo Bassalo - *UFPA*, este grande pesquisador brasileiro pelo atencioso questionamento deste trabalho, pelas bibliografias cedidas e para a Prof. Dr Maria Inês Bruno Tavares.

**Bibliografia:**

[1] HISTÓRIA DO PENSAMENTO, v. 2, Procura-se: o princípio de tudo, Nova Cultural, 28 p.1987, SP. Brasil

[2] JOSITA, Grécia (2000) In: História e Filosofia da Física, Departamento de Física, UFMT.

[3] HISTÓRIA DO PENSAMENTO 4 Nova Cultural, 28 p.1987, SP. Brasil

[4 ]CHASSOT, A. *Ciência através dos tempos*, São Paulo: Moderna, (coleção polêmica), 191p. 1994.

[5] BATHISTA, A. L. B. S., NOGUEIRA, J. S. *IX Encontro de Iniciação Científica*, Cuiabá, UFMT. 2001.

[6] BASSALO, J. M. F. Nascimento da Física, *Rev. Bras. de Ens. de Fís.*, v.17, n° 1, 1995

[7] HISTÓRIA DO PENSAMENTO, v. 3, O uno e o múltiplo, Nova Cultural, 28 p.,1987, SP. Brasil

[8] TRINDADE, D. F. et al. Conceito Fundamentais, In: Química Básica Teórica (1984) SP: Ed. Parma, Brasil

[9] GRAYSON-SMITH, H. Átomos y moléculas, In: Los conceptos cambiantes de la ciencia (1969), Ed. Uteha, 691p., México

[10] COTTON et al. *John Dalton* (1766-1844), In: Curso de Química (1968), RJ: Ed. Forum, p. 93, v. único.

[11] DMITRI MENDELEYEV (1834-1900), Este grande químico russo, nascido em Tobolska, teve como honra o elemento químico 101 nomeado pelo seu nome Mendelévio. Procurando alguma relação ou norma que regesse as variações nas propriedades dos elementos, descobriu uma maneira de organizar os elementos de propriedades semelhantes em colunas uns debaixo dos outros.

O que resultou na Classificação Periódica. Mendeleyev foi considerado como profeta. SOBRE A RELAÇÃO ENTRE AS PROPRIEDADES DOS ELEMENTOS E SEUS PESOS ATÔMICOS. Dmitrii Mendeleev, Zeitschrift für Chimie 12, 405-406 (1869)

[12] Bassalo, J. M. F. *Rev. Bras. Ens. Fis.*, Vol. 21, 2, (1999)

[13] As observações de Faraday ao realizar pela primeira vez suas experiências no início de 1830, sobre as relações de peso de metais depositados pela passagem de uma corrente elétrica através de soluções iônicas, demonstram que os átomos são portadores de unidades inteiras de carga; isso conduziu à descoberta do elétron.

[14] ALVARENGA, B. et. al. Curso de Física, São Paulo: Harbra, v.3, 2ª Edição, 1987

[15] FÍSICA DO MUNDO ATUAL, V.2, São Paulo: Honor Editorial, 264 p. 1972

[16] GASIOROWICZ, S. *Física Quântica*, RJ: Ed. Guanabara Dois, p. 13-18,1979.

[17] UTIMURA, T. Y. et. al. *O átomo: da história à sua constituição*, In: Química, 592 p. v. único, Ed. FTD. 1998

[18] EISBERG, R. RESNICK, R. *Física Quântica*, Ed. Campus, Rio de Janeiro, 1979. 15ª Edição

[19] De Broglie, L. *Recherches sur la téorie des quanta.* 1963, Paris: Masson et $C^{ie}$ editeurs. 128p. Réédition du text de 1924.

[20] BASSALO, J. F. *Nascimento da Física 1900 a 1950*, **2000**, UFPA. 500p.

[21] Tradução a partir de versão em inglês: Ildeu de Castro Moreira

[22] COELHO, J. V. Mecânica Quântica (2000), In: *100 Anos de Mecânica Quântica*, Departamento de Física, UFMT.

[23] POHL, H.A. *Introdução a Mecânica Quântica*, **1971**, Edgard Blücher.

[24] HALLIDAY, RESNICK E WALKER. *Fundamentos de Física, ótica e Física Moderna*, Rio de Janeiro: LTC, 4ª Edição, v.4, 1995

[25] TEIXEIRA DIAS, J. J. C. *Química Quântica*, Lisboa: Fundação Calouste Gulbenkian. 1980

[26] MILLOMEN, W. C. Born e a Teoria Quântica (2000), In: *100 anos de Mecânica Quântica*, Departamento de Física, UFMT.

[27] BORN, M., *Física Atômica*, **1962**, 4ª Edição. Ed: Fundação Calouste Gulbenkian, Lisboa.

[28] RAMALHO, NICOLAU, IVAN E TOLEDO. *Os Fundamentos da Física*, São Paulo: Moderna, 2ª Edição. V.3, 466p. 1979

[29] OLDENBERG, O., *Introdução á Física Atômica e Nuclear*, (1971) São Paulo: Edgard Blücher, 371p. Brasil

[30] KERWIN, L. *Introduccion a la Física atômica,* (1968) Cali: Norma, 292p. Colombia